# NIGHT
# SKY
# WATCHER

Night Sky Watcher
Author: Raman Prinja
First published in the UK in 2014 by
QED Publishing
A Quarto Group company
The Old Brewery,
6 Blundell Street,
London,N7 9BH

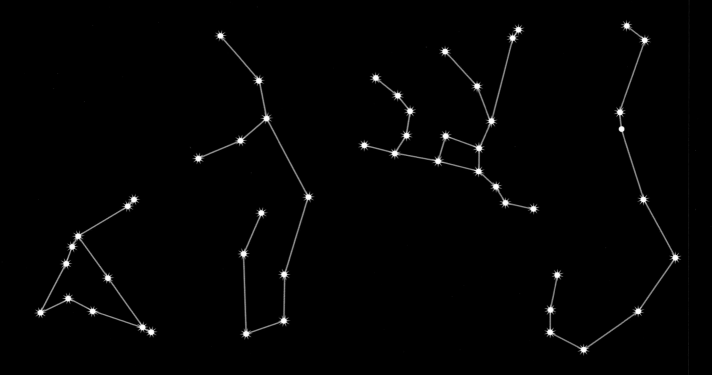

科学大探索书系

# 黑夜天文观测

## NIGHT SKY WATCHER

[英]拉曼·普林贾/著　吴　霖/译

CMS PUBLISHING & MEDIA 中南出版传媒

湖南少年儿童出版社
HUNAN JUVENILE & CHILDREN'S PUBLISHING HOUSE

# 目  录

引言                          6

主要内容                      9
你能看到什么                  10
恒星、行星和星系              12
观察恒星                      14
天空中的图案                  16
星座                          18
移动的星空                    20
我们移动的视野                22
找到你自己的观测方式          24
做好准备                      26
看到更多                      28

牵星法                        31
猎户座                        32
寻找大犬座                    34
寻找金牛座和昴星团            36
北斗七星                      38
寻找小熊座和北极星            40
寻找狮子座                    42
仙后座                        44
英仙座                        46
夏季大三角                    48
天鹅座、天琴座和天鹰座        50
南十字座                      52
半人马座                      54

**行星** 57

太阳系 59

观察行星 60

金星 62

金星的相位 64

水星 66

水星冰冻的两极 68

火星 70

火星表面 72

木星 74

巨大的行星 76

土星 78

土星环和卫星 80

**月球** 83

观察月球 84

月相 86

月球的表面 88

探索月球 90

月食 92

**不寻常的景象** 95

流星 96

英仙座流星雨 98

狮子座流星雨 100

双子座流星雨 102

旖旎的极光 104

飞奔的卫星 106

日食 108

安全观看日食 110

大彗星 112

发现彗星 114

**词汇表** 116

# 引 言

你可以知晓恒星的名字以及它们在天空中组成的图案。

夜空中充满了新奇和迷人的景象。只要一些装备以及这本书，你就可以用你的双眼去探索宇宙奥秘。

你可以躺下观看如烟花般绚烂的流星、舞动的多姿多彩的极光。

你也能发现包含数以十亿计的恒星的巨大星系。

跨越数百光年的距离，你还可找到超巨星以及恒星诞生的地方。

你也可以近距离观看月球环形山以及绕着木星转动的巨大卫星。

那你还等什么呢？现在就走出屋外，开始探索之旅吧！

清楚恒星的运动规律，并弄明白为何恒星和星座会在晚上一直出现。

为了舒适而安全地观察神秘而美丽的夜空，你首先应明确自己需要什么样的设备。

探索夜空时，双筒望远镜必不可少，但它并不是唯一的选择。

# 主要内容

去解开有些恒星看起来明亮而鲜艳,其他恒星却黯淡无光的谜题。

了解恒星、行星和太空其他物体之间的差异。

# 你能看到什么？

晴朗的夜空中往往会有奇妙的景象，你能看到五彩缤纷的恒星、明亮的行星和令人称奇的月亮。有时候你还能有幸看到一些特殊的景象，比如流星雨、彗星或者日食。

## 是恒星还是行星？

在天空中的相同区域，行星往往会比大部分恒星要亮，它不会和恒星一样一直一闪一闪的。假如你连续观察一颗行星，你会发现它和恒星的不同——每天晚上的同一时刻，行星在天空中的位置是不一样的。

### 你知道吗？

夜空中的恒星看起来一闪一闪的，原因并非由于它们在变亮或者变暗，而是大气在不断地运动，使得来自遥远的恒星的光线传到我们眼中时产生了折射。

## 发现物体

人人都能观察夜空，观察它的神奇与美丽，这是夜空下最美妙的事情。而你所需要做的是用你的双眼或者辅之以双筒望远镜（简单的或复杂的）去观察，当然还需要这本书给你提供的实际帮助。

太阳 ▲

### 星空实录

» 太阳是距离我们最近的恒星，有 $1.5 \times 10^8$ 千米远。

» 离我们第二近的恒星叫比邻星，距离我们有 $4 \times 10^{13}$ 千米远，即 4 后面有 13 个零。

◄ 水 星

## 夜空中的星光

你在夜空中能看到的大部分光线都来自恒星，当然有时你也能看到一些行星。只用肉眼，我们能看到水星、金星、火星、土星以及木星这些行星。在一个黑暗无云的夜晚，你也许可以看到一个充满了数十亿恒星的集合体——星系。

# 恒星、行星和星系

当你晚上仰望星空，你看到的大部分闪烁的星星都是恒星。那什么是恒星呢？它和行星以及太空中的其他物体有什么不一样呢？它和星系又是怎样的关系呢？

## 什么是恒星？

恒星是由气体组成的巨大球体。大部分气体是氢——氢是最轻的元素。恒星上气体被紧压在一起，温度变得很高，触发了一个叫核聚变的物理反应。核聚变能够释放巨大的能量——距离恒星数万亿千米远的我们之所以能看到来自这些恒星的光线，就是因为这个物理反应过程中释放了巨大能量。

## 什么是行星？

当恒星形成的时候，围绕着恒星的尘云聚集在一起，就形成了行星。有些行星是由岩石构成的，但也有一些行星是由气体和液体构成的，比如木星，它的主要成分就是氢和氦。

木 星 ▲

# 什么是星系？

星系用引力将无数的恒星、尘埃、气体束缚组合而成。一些星系包含数以万亿的恒星，但仅用肉眼我们只能看到一些黯淡的斑点般的天体。太阳是一个叫银河系的星系中的一颗恒星。

▼ M101，一个风车星系

## 你知道吗 ?

绕着太阳公转的行星有 8 颗，它们是在 45 亿年前形成的，其中也包括我们所居住的地球。现在仍然有围绕着其他恒星运转的行星正在形成中。

水星 ▶

金星 ▶

地球 ▶

火星 ▶

# 观察恒星

　　假如你视力很好，在一个非常晴朗的夜晚，你应该能够看到超过 2000 颗恒星，当然前提是你有足够的耐心去数！仔细来看的话，你所见到的恒星并非都一样，它们在明亮程度和颜色上是有区别的。

◀ 天狼星

## 亮的恒星和暗的恒星

　　有些恒星看起来很亮，其原因在于它们的体积很大，同时还能发出大量的光；或者是它们比其他恒星离地球近。天狼星是夜空中最亮的恒星。把天狼星和另外一颗叫作参宿七的恒星相比，参宿七比天狼星体积要大，发出的光线更多；但是从地球上看，天狼星却更亮，其原因就是参宿七离我们的距离比天狼星远 100 倍。

参宿七 ▶

▼ 超新星

### 想象一下这个

　　超新星在几天之内散发的能量比太阳在一生中所散发的能量还要多。要见证超新星的爆炸威力，你需要非常幸运——我们所处的星系中，每隔几百年才会发生这种事情。

## 恒星的寿命

　　大量的尘埃和气体组成的星云是恒星的诞生地。尘土和气体聚集到一起，渐渐变成高密度而且很热的物体。一旦它们的体积变得足够大，恒星上就会产生核聚变而且开始闪烁。当恒星上的氢燃料用完之后，恒星就完成了它的使命。随后，一些恒星开始萎缩，而其中有些恒星会猛烈爆炸，变成超新星，并形成黑洞。

▲　S106 星云

## 不同颜色的恒星

　　恒星看起来像小亮点，但是它们的颜色并非都一样，有红色、蓝色及黄色之分。其颜色不同，在于有些恒星温度低（如红色的恒星），而有些恒星温度高（如蓝色的恒星）。

## 你知道吗 ?

　　你能用肉眼看到的所有恒星都是我们所在的星系——银河系的一分子。银河系有超过 2000 亿颗恒星，而宇宙中还有大约 1000 亿个星系。星云是个巨大的恒星工厂，通过高分辨率望远镜可以观察到这一有趣现象。

▲　通过高分辨率望远镜可以看到星云是一个恒星工厂。

# 天空中的图案

夜空中有这么多天体，怎么才能找到它们呢？如何才能分辨清楚到底是哪颗恒星呢？答案就是去找由恒星构成的图案。这些图案每晚都一样，不会发生大的改变，它们是夜空中的大路标。

 英仙座 ▼

## 星 团

在浩瀚无垠的夜空，由一些恒星组成的固定图案美妙无比，让人心驰神往。这些恒星相互之间靠得很近，且诞生的时间相近。你能用肉眼看到这些星团，比如昴星团（又叫七姐妹星团）。而且用肉眼看的效果可能比用双筒望远镜都好。

## 假想的图案

其实在夜空中能看到的大部分恒星图案都是假想的。这些依据恒星的奇特排列而想象出来的诸如动物或者其他物体的形状，其本意不是说恒星之间是连在一起的，事实上，它们之间可能间距数百光年。而这些假想的恒星图案就组成了星座。

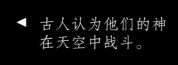
◀ 古人认为他们的神
在天空中战斗。

## 该做的事情

仰望满是恒星的夜空，自己制作一个星座图是一件非常有趣的事情。首先用纸板制作一个10厘米×10厘米的小图案框架，举起这个框架，并从该框架中望向天空，找一组落在框架中的恒星。试着想象将框架中的5~7颗恒星用线连起来，并想象它的图案。你再把想象的图案画出来，可能画成一只动物或者日常用的物品形状。这就是你发现的新星座。你会把你的新星座称为什么呢？几天之后再观察，看看你是否能找到属于你的星座。

## 你知道吗 ❓

古代希腊人和阿拉伯人给大部分星座都起了名字。这些星座以动物、神话故事中的神或其他人物来命名。

▲ 北斗七星

17

# 星　座

　　只要稍稍练习，你很快就会知道怎么去认识恒星组成的形状和图案，即星座。找找那些有名的星座，它们可以帮你找到自己所处的方位，并找到其他恒星。

## 你的星空观察指导图

　　天空中已经有 88 个星座有了自己的名字。如果你生活在北半球，你就能看见大约 60 个星座；如果你生活在南半球，你就能看见 30 个左右。有些星座在全球任何地方都能看得到。下面这幅图就显示了你在夜空中可能看到的一些星座。

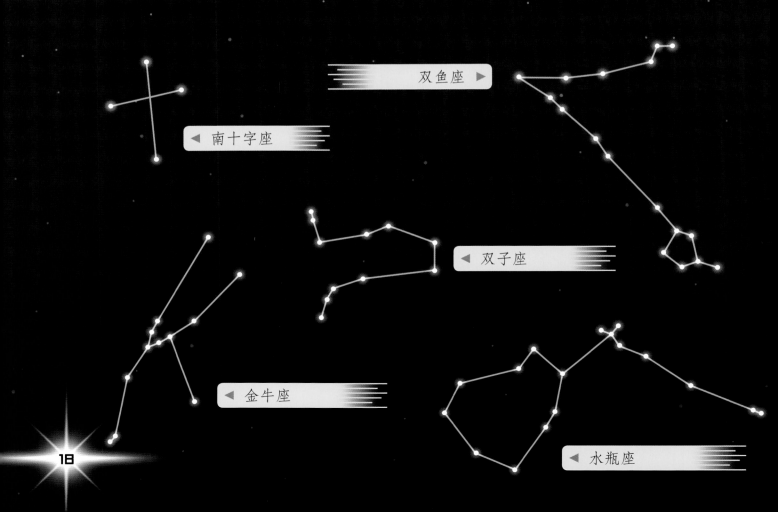

◀ 南十字座

双鱼座 ▶

◀ 双子座

◀ 金牛座

◀ 水瓶座

## 观察星座

你无法在同一时间看到 88 个星座。能看到哪个星座取决于你在地球上的位置、季节以及晚上的某一时间段。

## 看起来很像吗？

有些星座看起来的确和所命名动物很像。比如狮子座，就的确和狮子很相似。但是你觉得小犬座中的一对恒星像两只狗吗？

狮子座 ▲

小犬座 ▲

处女座 ▶

天猫座 ▶

▲ 天鹰座

天蝎座 ▶

◀ 船底座

大熊座 ▶

# 移动的星空

你一旦认识了一些星座的形状，选择一个并且试着
去每隔 30 分钟确认一下它的位置。观察它几个小时后，
你就会发现，它看起来像是在天空中移动。但其实不是
它在移动，而是我们所在的地球在动。

## 旋转的地球

假设有一根巨大的直杆从地球的北极直穿南极，
就像一个旋转的陀螺，地球绕着这根杆（或
者说轴）转动，转动一圈的时间是一天。
随着地球的转动，一些部位就会得到太
阳光，而其他部位开始变暗，这就是
地球上产生白天和黑夜的原因。随
着地球转动，夜空中的恒星，白
天看到的太阳看起来就好像
在缓慢移动。

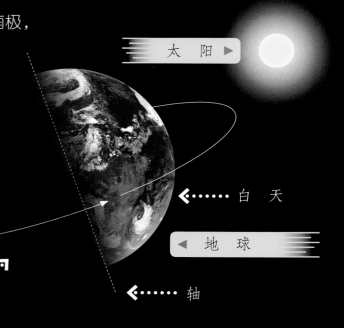

太 阳 ▶

◀······ 白 天

◀ 地 球

◀······ 轴

夜 晚

如果你观察恒星几个小时，你会发现，它们在天空中看起来似乎是绕着一个点转动的。该点就是我们假想的穿过地球两极的杆（轴）的顶点。在连续观察几个小时后拍的一张照片中你就能看到它们是如何在夜空中改变位置的。

## 不变的形状

尽管恒星看起来是在天空中移动，但是星座的形状却保持不变。即你所看到的恒星间的距离是保持不变的。如一个星座上升，向你移动，越过你的头顶，最后消失，但是它的形状不会发生改变。

## 你知道吗 ❓

在北半球，穿过地球两极的虚拟轴的顶点也指向了一颗叫作北极星的恒星——把它叫作北极星的原因在于它总是指向北方。

下午 5 点 ▶

晚上 8 点 ▶

晚上 11 点 ▶

◀ 仙后座看起来怎么一整晚都在移动？

早上 2 点 ▶

◀ 早上 5 点

# 我们移动的视野

你观察星空时会发现，恒星的位置一晚上随着地球绕着自身的轴转动而不断发生变化。但同时地球也绕着太阳转动，地球的位置随着月份的不同而不断变化。因此我们可以在一年之中的不同时间段看到不同的星座。

## 一年

地球绕太阳公转一周所需的时间是一年。因为白天恒星（除太阳外）的光线太弱了，所以我们只能在晚上看到它们。随着地球绕着太阳转动，每天晚上我们在同一地点看到的恒星都会发生轻微的变化。假如你每个月晚上的同一时刻观察天空中的同一个地方，你会发现这种变化。

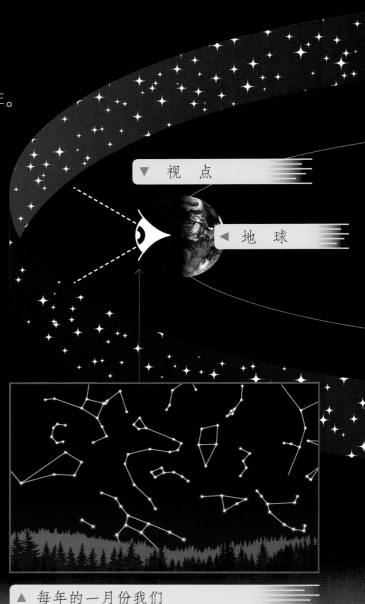

▼ 视 点

◀ 地 球

▼ 1530 年，波兰人尼古拉斯·哥白尼成为第一个认为地球是围绕太阳运转的科学家。

▲ 每年的一月份我们能看见这些星座。

因为恒星之间的距离太遥远，所以科学家们无法用小单位（如千米）来衡量它们之间的距离。科学家们就采用了光年这个单位来衡量，一光年就是光在真空中一年内所走过的距离，这大约等于 $9.5 \times 10^{12}$ 千米。

恒星的背景

地球的
公转轨道

视  点 ▼

◄ 太  阳

▲ 你能在地球上某一点看见的这些星座会在一年四季里慢慢移动位置。

▲ 每年的 6 月份我们能看见这些星座。

# 找到你自己的观测方式

恒星在夜空移动的方式看起来很复杂。那你怎么找到属于你自己的观测方式呢？最简单的方式就是找恒星或者星座图案，然后用它们作为标杆来找到夜空中的其他恒星。你也可以用一个叫作活动星图的简单工具来区别不同恒星。

## 找到你自己的方向

在本书中，你会了解到有的恒星能在北方或者西方看到，而实际观察过程中你需要一个罗盘来为你指明方向，因为罗盘的针总是指向北方。

## 牵星法

有些星座的形状与实物很像，因此夜空下很容易就能找到——特别是当你已经知道该星座形状的时候。一旦你发现了这些简单的星座，你就能很容易地画出这些恒星之间的连线。根据这些连线，你就能找到相邻的星座及恒星，甚至是星系。这就是牵星法，你将会在本书第 31 页中读到相关内容。

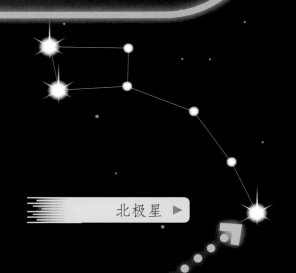

北极星 ▶

◀ 北斗七星

虚 线

▲ 在北斗七星与北极星之间画一条虚线，它会帮你找到北极星。

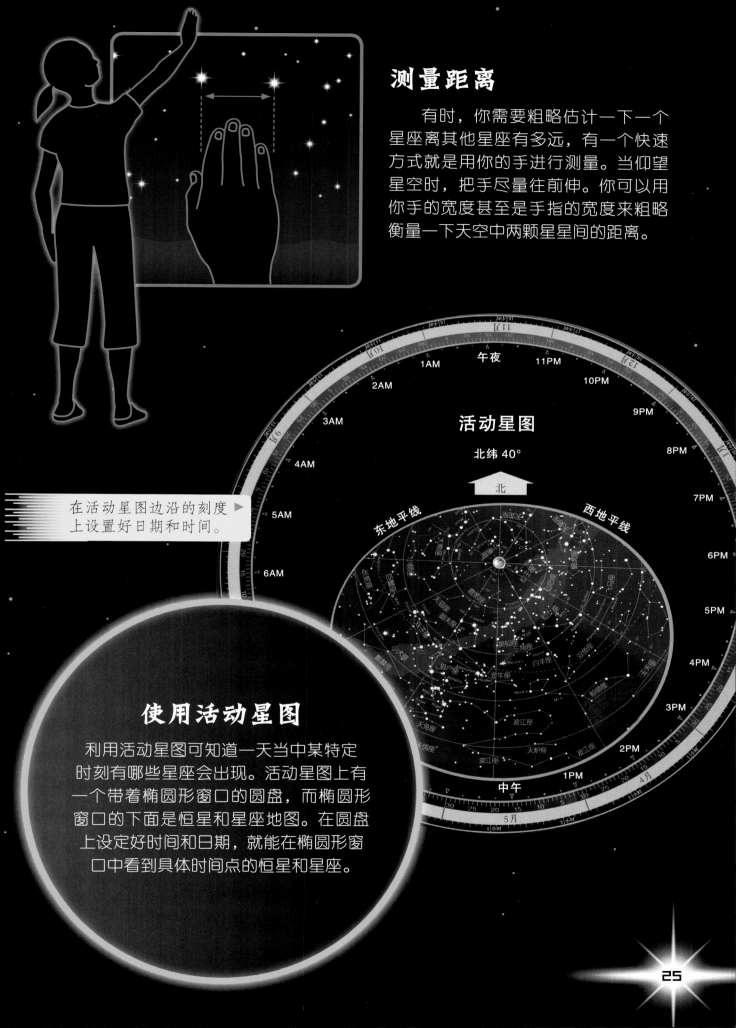

## 测量距离

有时，你需要粗略估计一下一个星座离其他星座有多远，有一个快速方式就是用你的手进行测量。当仰望星空时，把手尽量往前伸。你可以用你手的宽度甚至是手指的宽度来粗略衡量一下天空中两颗星星间的距离。

在活动星图边沿的刻度▶
上设置好日期和时间。

**活动星图**

北纬 40°

北

东地平线　　　　　西地平线

1AM　午夜　11PM

2AM　　　　　10PM

3AM　　　　　　9PM

4AM　　　　　　8PM

5AM　　　　　　7PM

6AM　　　　　　6PM

　　　　　　　　5PM

　　　　　　　　4PM

　　　　　　　　3PM

　　　　　　　　2PM

中午　　1PM

## 使用活动星图

利用活动星图可知道一天当中某特定时刻有哪些星座会出现。活动星图上有一个带着椭圆形窗口的圆盘，而椭圆形窗口的下面是恒星和星座地图。在圆盘上设定好时间和日期，就能在椭圆形窗口中看到具体时间点的恒星和星座。

# 做好准备

选择不同的时间和地点观察夜空，你看到的东西会有很大差异。你最好是选择一个云层不会挡住视线的晴朗夜晚，然后准备一些简单的工具进行观测。

## 去哪看？

在家附近找一个安全、黑暗的地方观察夜空。花园其实是个不错的选择，但前提是你房间或者街上的灯光照不到那。若房间或者街上的灯光有干扰的话，观看的效果可能就要大打折扣了。你也可以在大人的陪同下，找个公园的一角或者一片空地试试。

## 星座定位

等待 10 分钟，让眼睛慢慢适应黑暗环境，你将会观测到更多恒星。

## 保持暖和和舒适

即使是春天和夏天的晚上，有时候你也会冷得发抖，因此，别忘了穿上暖和的外衣，戴上帽子。你大部分时间将会盯着天空，因此躺在躺椅或者一块防水垫子上，这样就能舒服点，而不用一直仰着头观看。

▼ 在没有月亮的晴朗夜晚是最适合看星星的，因为月亮上反射回来的光线太亮，光线很弱的恒星和行星将很难看到。

## 你知道吗 ❓

当不直视一个物体时，眼睛会对微弱的光线更为敏感。因此当你试图看清一颗距离较远的恒星时，你只要注视那颗恒星旁边的黑暗处就行。

## 要做的事

拿一个小手电筒，用一张红色塑料包装纸包住它的光线，然后用橡胶带把包装纸固定住，因为黑夜里眼睛对红光较不敏感。借助这自制的红光和这本书，你能找到最佳观测点。

# 看到更多

只用你的双眼，你能看到明亮的恒星，分辨出夜幕下天上各个星座的形状，发现流星和 5 颗行星。但是加上一副双筒望远镜，你就能看到光线更弱的恒星，还能看看月球表面的具体情形，甚至还能看到木星的卫星。

## 双筒望远镜

你家里可能已经有一副双筒望远镜。它们很轻，而且很便利，是观察夜空的好工具。若你打算想要一副更好的双筒望远镜，记得上面的标记应为 7X50 或者 10X50。这个标记中的第一个数是望远镜的放大倍数，第二个数是物镜的直径（单位是毫米），透镜的直径越大，双筒望远镜能汇聚的光线越多，那你看到的恒星就更清晰。

## 要做的事

为什么不举行一个以星空为主题的聚会呢？在一个晴朗的夜晚，邀请你的朋友和家人一起，用你所知道的相关知识去帮他们发现恒星和行星这些天空中的奇迹。

## 要做的事

　　观察夜空中的星座时掌握星座形状的最好方法是用铅笔和纸把它画下来。首先，选择天空中的一个区域，把那片区域中最亮的恒星用大点画出来，然后把光线较弱的恒星用小点画出，注意将你所看到的恒星涂上颜色，比如有些恒星是红色的，有些是蓝色的。

红色恒星

蓝色恒星

## 准备好

　　当你使用双筒望远镜观测星星的时候，它们看起来可能有点晃动。这是因为持双筒望远镜的双手抖动幅度过大，导致恒星也在跟着动。试着把双筒望远镜放到围墙上，或者把它放在你的膝盖上，这样双筒望远镜就能保持稳定。

观察夜空时通过熟悉的指路星找到星座。

探索星座并描绘夜空下星座像动物或英雄般的外形。

在星座间用牵星法找到遥远的恒星和星系，巨大的尘云以及其他外来物体。

# 牵星法

知晓恒星和星座的名字。

学习怎么找北极星，以后你再也不会迷路了。

# 猎户座

猎户座是天空中最好认的星座之一。夜幕下能看到的最亮的 10 颗恒星中有两颗就属于猎户座。

## 参宿四

参宿四是一颗体积比太阳要大 650 倍的红超巨星。

## 主要的恒星

猎户座主要由参宿四、参宿七、参宿五、参宿六、参宿一、参宿二、参宿三 7 颗恒星组成。

## 猎户的腰带

参宿一、参宿二和参宿三是猎户座腰带上的那几颗恒星。

## 参宿七

参宿七是颗稀有的蓝超巨星，其亮度比太阳要强 10 万倍。

# 发现猎户座

你若生活在北半球，那你在冬天就很容易发现猎户座。你面对着东南方，往斜向上 45° 方向看，你就会发现紧凑排成一排的 3 颗明亮的恒星，它们构成了猎户座的腰带。从腰带部位往上看，你会看到一颗明亮的红颜色恒星，名为参宿四，它是猎户的肩膀。从腰带往下看，在腰带部位的南边有一颗明亮的蓝色恒星，名叫参宿七，它是猎户的左脚。

◀ 猎户座被人们想象成一只手拿着一根棒子，另外一只手拿着盾牌的猎户形象。

▼ 猎户座星云

## 你知道吗 ？

在猎户座腰带的下方是猎户座星云，它是一个巨大的恒星制造厂。

# 寻找大犬座

一旦你找到猎户座，你可以把它作为一个路标来寻找附近的星座——大犬座。大犬座主要包括夜空中最亮的恒星——天狼星和其他 4 颗明亮的恒星。把这几颗恒星连起来，其形状就和狗的外形类似。

▼ 大犬座

▼ 天狼星

## 天狼星

天狼星的体积是太阳的两倍大，其明亮程度却超过太阳的 20 倍。它距离地球只有 8.6 光年，是距离我们最近的邻居之一。

◄ 弧矢一

◄ 弧矢七

▲ 天狼星

▲ 除了天狼星，大犬座中其他几颗恒星分别是弧矢一、弧矢二、弧矢七、军市一。它们比天狼星更为遥远——它们和太阳之间的距离超过 400 光年。

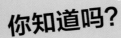

天狼星是古埃及人的尼罗河之星。如果某天早晨太阳出来之前能看到这颗恒星，那么预示着当年尼罗河就要发洪水了。

▲ 猎户座

洪水泛滥期间的尼罗河 ▲

## 发现大犬座

　　找到猎户座腰带上的 3 颗恒星，现在你把那 3 颗恒星用一条直线连起来，然后顺着水平方向延长，沿着这条延长线你很容易就能发现一颗明亮的恒星，即天狼星。天狼星就位于大犬座之中，有时人们也把天狼星叫作犬星！

# 寻找金牛座和昴星团

把猎户座腰带作为天空中的一根指针，我们很容易就能找到金牛座。在金牛座不远处，你还能找到一个像珍珠般漂亮的恒星群，名叫昴星团。

## 发现金牛座

通过猎户座腰带画一条虚线，然后顺着这条虚线往猎户座盾牌的方向看，你很快就能看到由一群恒星构成的 V 字形图案。它们组成了金牛座的牛角和牛脸。

▼ 蟹状星云

◄ 用一副双筒望远镜观看金牛座牛角下面一点，在天关的旁边有一块白斑，人们把它叫作蟹状星云，里面是公元1054 年 7 月一颗超新星爆炸产生的残余恒星。

金牛座

◀ 蟹状星云
◀ 天关

## 昂星团

如果你顺着猎户座腰带位置的
直线往前看，经过毕宿五恒星，
你会看到一群恒星，看上去大约
有一个拇指宽度，人们把它称
为昂星团，也称它为七姐妹
星团。

毕宿五 ▶

昂星团 ▶

## 毕宿五

在金牛座 V 字形牛角的左边，可
以找到一颗明亮的橙色恒星，它叫
作毕宿五。毕宿五是颗年老的红巨
星，而且已经向外扩展，它是金
牛座的眼睛。

◀ 毕宿五和金牛座

# 北斗七星

在春季和夏季的晴朗夜空中，你能看到一个著名的星座——北斗七星。这7颗恒星实际上是一个更大的星座——大熊座最亮的一部分。

开 阳 ▶

▲ 玉 衡

天 权 ▲

▲ 瑶 光

天 玑 ▶

## 斗杓部位

北斗七星中组成斗杓部位的恒星名字叫作玉衡、开阳和瑶光。

## 发现北斗七星

在北半球，如果天气晴好，你都能看得见北斗七星。有些人把北斗七星叫作平底锅，原因是它看起来像一口有把手的锅。北斗七星由7颗明亮的恒星组成。盛夏时节，你在北半球很容易就能见到它。先试着找到锅的把手，然后就容易找到组成锅的平底部位的恒星。以你的手臂为测量工具的话，北斗七星约有两只手臂那么宽。

◀ 通过高分辨率望远镜我们可以看到波德星系呈现漩涡状，它和我们的银河系形状一样。

## 发现波德星系

只用肉眼是很难发现其他星系的。如果有一副高分辨率双筒望远镜的话，你就能发现波德星系。它看起来就像大熊座肩膀上一个模糊的补丁。

▼ 天 枢

◀ 天 璇

## 星空实录

» 北斗七星上的恒星距离地球 75~125 光年。

» 著名的北斗七星在地球上各个国家有着不同的名字：在印度，人们把它叫作七圣人星；在中国，人们则称之为北斗七星。

## 斗口部位

在北斗七星中，组成斗口部位的 4 颗恒星名字分别叫作天枢、天璇、天玑、天权。

# 找到小熊座和北极星

　　找准了北斗七星的位置，你就能找到位于北斗七星附近的小熊座以及北极星。

　　北极星，也叫小熊座α星，它直接指向地球的北极。因此，假如你面向北极星，那么你就知道你正面向北方。

古代的航海家们用如右图所示的这种象限仪去测量北极星的位置，从而找到自己所处的位置。他们在离陆地很远的海洋中航行时就是用这个方法来指引航向的。

▼ 北斗七星

天　璇 ▶

## 要做的事

　　北极星不仅会告诉你哪个方向是北，还能告诉你你离地球赤道有多远。伸直你的两个手臂，把其中一只手指向北极星，另一只手放平，此时两只手之间的角度就是你所在的纬度。如果你在赤道，那么两只手应该重叠，角度为0。若你是在北极，角度就为90°（一个直角）。

角度为50°，意味着你所在的纬度和伦敦的纬度大致相同。

小熊座 ▲

## 小熊座

北极星是小熊座的一颗恒星。小熊座的形状和北斗七星的形状有点类似，但是小熊座的尺寸更小，而且光线更暗。看看你是否能在找到北极星后分辨出小熊座的形状！

## 找到北极星

在北斗七星平底锅的前端找到两颗恒星——天枢星和天璇星。然后在这两颗星之间连一条直线，再延长 5 倍距离，你就会找到一颗明亮的恒星，那就是北极星。

## 北极星

天空中其他恒星看起来似乎一直都在运动，但是北极星却一直固定在一个位置上，这给了古代的航海家们和探险家们巨大的帮助。

# 寻找狮子座

可以利用北斗七星来寻找狮子座的具体位置。狮子座是那些为数不多以真实形状命名的星座中的一个，所以，大家在晴朗夜空中就可以找到一只威猛的"狮子"。

## 恐怖的狮子

在希腊神话中，尼米亚是一只可怕的狮子，它皮肤粗糙，刀枪不入，尼米亚河畔的人们对此感到十分恐惧。但最终英雄赫拉克勒斯把它给勒死了。

## 狮子座流星雨

每年的 11 月，狮子座流星雨就会在狮子星座所在区域出现。当这些流星飞速划过地球的大气层，流星就会发生燃烧，在地球上空就会出现绚烂的"烟花"景观。

## 发现狮子座

在北半球的春季和南半球的秋季，你很容易就能找到狮子座。首先你得找到北斗七星里的天权星和天玑星。沿着这两颗恒星连线指向地面的一端，你会发现一颗明亮的蓝白色恒星，叫作轩辕十四，它就属于狮子座。

▼ 北斗七星

◄ 天 权

▼ 五帝座一

## 五帝座一

除了轩辕十四，狮子座里第二亮的恒星是五帝座一。科学家们认为五帝座一有一颗行星，其体积至少为木星的两倍。

▼ 轩辕十二

◄ 狮子座

▲ 轩辕十四

看看轩辕十四的周围，你会发现一个前后颠倒的问号的形状，轩辕十四位于问号的底部。 ▲

# 仙后座

仙后座靠近北极星，因此你若是在北半球，又是在天气晴好的夜晚，你就几乎一直能看见仙后座。仙后座中 5 颗最亮的恒星组成了一个清晰的 W 字形状，因此也很容易就能找到它。

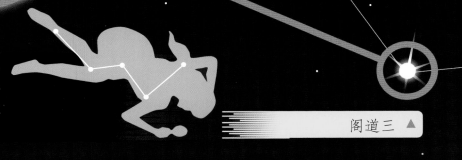

阁道二

## 阁道三

阁道三是由相互之间距离很近且距离地球 100 光年远的两颗恒星组成。

▶ 在古代神话中，卡西奥帕亚是埃塞俄比亚国王克普斯的妻子，她认为自己比女神还要漂亮。

阁道三 ▲

## 发现仙后座

在秋天一个晴朗的夜晚，日落后不久，我们朝着北方看，你很快就能看到由 5 颗恒星排成的 W 字形，其宽度约有一只手掌那么宽。（有时候它也会呈 M 字形。）仙后座日落时分从东北方上升，午夜时分到达正北方，然后从西北方向落下。

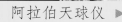 阿拉伯天球仪 ▶

你知道吗？ ?

许多恒星的英语名字，比如阁道二（Segin）和阁道三（Ruchbah）均来自古代的阿拉伯神话。从公元 10 世纪到 15 世纪，阿拉伯世界是天文学研究中心。

## 旋转的星星

在仙后座 W 字形中间的那颗星是策。它的自转速度非常快，会不时将自身的物质甩入太空，因此它的亮度总是在不断改变。

◀ 策

王良一 ▶

## 王良一和王良四

王良一和王良四是两颗巨星，它们各自的体积均是太阳的两倍。

王良四 ▶

# 英仙座

一旦你知道了仙后座的形状，你就可以以它作为参考，来找到附近的英仙座。每晚，英仙座总是跟着仙后座一起上升下落。英仙座上有许多美丽的景色，因此它很值得探索。

▼ 天船三是英仙座中最明亮的一颗恒星，而且它的体积是太阳体积的 60 多倍。

天船三 ▼

◀ 胜利归来的珀尔修斯一只手拿着一把剑，另外一只手提着美杜莎的头颅。

▲ 英仙座

美杜莎 ▲

## 珀尔修斯和美杜莎

珀尔修斯是古希腊神话中的一位人物，他杀死了丑陋的怪物美杜莎。美杜莎能把看到她的人变成石头，而且她用蛇盘成自己的头发。

▲ 阁道三

## 发现英仙座

英仙座不是很明亮，因此我们最好在一个没有月亮的晴朗夜晚去观察它。此时仙后座高高悬挂，我们就很容易找到它。从仙后座 W 字形恒星的中间——即策处画一条线，并通过阁道三星，把这条线延长一个仙后座的宽度，然后你就会发现有三颗恒星排成一条直线，这就是英仙座（珀尔修斯）的手臂和上半身。

### 想象一下这个

英仙座上至少有4颗恒星有行星围绕着它们转动，想象一下这些行星的表面和天气会是什么样子的，它们上面是否有一些奇怪的生物存活呢？

星 团 ▼

## 从仙后座到英仙座

从仙后座到英仙座的路上，你会经过一个暗淡的地方，通过双筒望远镜仔细观察，你会看到这个地方是两个星团，每个星团都由上百颗恒星组成。

# 夏季大三角

夏季大三角并非一个实际意义上的星座，而是在夏季时天空中由天琴座的织女星、天鹅座的天津四以及天鹰座的牛郎星组成的虚拟三角形。夏天时，这3颗恒星一直明亮地高挂天空中，假如你能找到这些恒星，你就可以通过它们来辨识附近的星座与星体。

▲ 织女星

天津四 ▶

## 发现夏季大三角

要找到夏季大三角，我们需要反复观察夜空，以便逐步接近目标。进入夏季后，晴朗的夜晚我们在野外找个合适角度面向东方躺下，并在夜空中找到这3颗特别明亮的恒星：首先找到正上方蓝白色的织女星。然后向下看，在南面的水平方向上找到牛郎星，它比织女星要暗一些。这两颗恒星间的距离看上去大约是两个手掌宽。然后你往织女星的左边看去，可以找到天津四，它是夏季大三角中另外一颗恒星。

# 找到银河

在一个没有月亮的晴朗夜晚，观察夏季大三角中织女星和牛郎星两颗恒星的中间，你会发现一处光线微弱但很宽的亮带。这就是地球所在的银河系，它由数十亿颗恒星组成。假如运气够好，你会看到它中间的一处暗带，这实际上是银河系中的一些尘埃挡住了光线，导致那里一片暗淡。

◀ 牛郎星

◀ 牛郎星

## 星空实录

» 天津四是一颗超巨星，而且它的能量几乎是太阳的80000倍。但是它看起来很暗，原因是它离我们太遥远——距离地球约有1500光年。

» 织女星离地球的距离有25光年，而在1000年前它在正北方，和今天的北极星位置相同。

» 牛郎星离地球只有17光年远，它是你在晴朗夜晚能看得见的距离我们最近的恒星之一。

# 天鹅座、天琴座和天鹰座

晴朗的夜空下，假如你看得到夏季大三角，实际上你就已经找到了 3 个星座——天鹅座、天琴座和天鹰座。

## 天鹅座

天鹅座的翅膀在银河系上展开，因此人们很容易理解为什么把这个星座称为天鹅座了。鹅的尾巴就是天津四——夏季大三角的 3 颗恒星之一。鹅头是辇道增七星，用肉眼看，上面好像只有一颗恒星，实际上有两颗：一颗是黄色的，另一颗稍微暗点，呈蓝色。

▲ 辇道增七 ▲

▲ 天津四

## 天琴座

夏季大三角中的织女星是天琴座中最亮的一颗恒星，它也是夜空里亮度排名第 50 位的恒星。你能看到 4 颗呈平行四边形形状排列的恒星，这 4 颗恒星像是挂在织女星上一样。

## 想象一下这个

天鹅座内有一个黑洞，它的质量约为太阳的 15 倍。它的自转速度是 800 次/秒，它会把靠近它的一切物质都吸进去。假如你掉进那个黑洞，会变成什么样子？很有可能你会被撕碎成意大利面条！

▼ 河鼓二

▲ 牛郎星

## 天鹰座

牛郎星是夏季大三角中第三颗恒星，也是天鹰座里最亮的一颗恒星。天鹰座，顾名思义，就像天空中的一只鹰一样。如果你有一副双筒望远镜，你用它仔细观察名叫河鼓二的恒星，你就会看到一块奇怪的 E 字形黑暗区域，其面积约和一个满月同样大。这块巨大的云尘挡住了它后面的恒星的光线。

尽管南十字座是由古希腊人发现的，但现在在希腊再也见不到它了。原因在于数千年间地球的自转轴不断移动，导致现在的南十字座渐渐远离希腊。

▼ 南十字座中由两颗明亮的恒星组成了十字架形状中较长的那条臂，人们把它们称为十字架一和十字架二。

▼ 十字架二

十字架一 ▲

# 南十字座

假如你生活在赤道以南，晴朗的夜晚你几乎都能看到南十字座。它是 88 个星座中最小的一个，但是它对其他恒星来说是个重要的标志物。古代的航海家们在海上航行时也会通过它来指明航向。

在南半球的大部分地区，晴朗的晚上当地人都能看见南十字座高挂在夜空中。在盛夏时分朝南看，你就会找到一个由四颗恒星组成的十字架模样的图案，这就是南十字座。它看上去体积很小，若用手去量的话，从头到尾它的宽度仅仅是你4根手指并在一起那么宽。

▼ 煤袋星云

◄ 在南十字座的右边，你能看到在明亮的银河系上有一块黑色的星云，这块星云叫煤袋星云。它是一块巨大的云尘，人们称之为暗星云。

新西兰国旗 ▼

◄ 银 河

南十字座十分有名，它甚至出现在了澳大利亚和新西兰的国旗上。 ►

## 发现银河

在一个没有月亮的晚上，远离城市明亮的灯光，寻找一个跨越南北并穿过南十字座的恒星带，这就是银河。它看起来像一片包含众多恒星的稍微明亮一些的天空地带。

# 半人马座

在南半球，南十字座是寻找其他星座的起点。从南十字座出发，你很容易就能找到半人马座——天空中最大和最有趣的星座之一。

半人马座几乎围绕 ▶ 在南十字座周围。

半人马座 ω 星团 ▲

## 老朋友

在半人马座的中部似乎是一颗看起来比较模糊的恒星，仅用肉眼就能看到它。其实那不是一颗恒星，而是由超过 100 万颗恒星组成的恒星群，叫作半人马座 ω 星团。天文学家们认为它的年龄超过 120 亿年，是我们所处星系中年龄最大的星际物质之一。

## 找到半人马座

以南十字座为起点，把南十字座短臂的两颗恒星用虚线连起来，把虚线延长 3 倍，方向为亮度较暗的恒星指向亮的那颗，你就会看到一颗明亮的恒星——马腹一。在延长线更远的地方你就会看到南门二，它是半人马座里最亮的一颗恒星。

▼ 半人马座名字来源于古希腊神话中的半人马，它的躯体一半是人，另一半是马。

半人马座ω星团 ▼

▼ 南十字座

▼ 马腹一

▲ 南门二

看看内行星水星和金星的相位。

找找是什么原因让火星变成了一颗红色的星球，土星环又是由什么构成的。

了解行星的轨道以及它们是如何对我们在地球上看到的景象产生影响的。

行星是怎么形成的，它们是由什么成分组成的？

去发现观察夜空中行星的最好时间。

# 行 星

# 星空实录

> 太阳和行星大约是在 45 亿年前由巨大的气体和云尘形成的。

> 航天器已经拜访过太阳系中的行星，而且金星、火星、土星的卫星——泰坦以及一些彗星和小行星，当然还有月球表面，都留下了人类航天器的足迹。

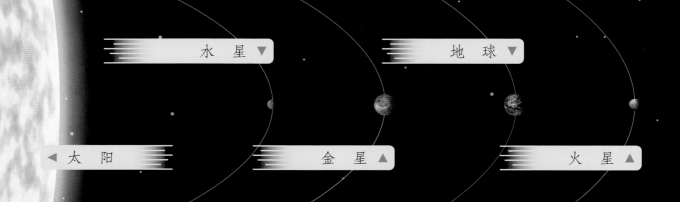

水 星 ▼

地 球 ▼

◄ 太阳

金 星 ▲

火 星 ▲

# 太阳系

我们的太阳系以太阳为中心，拥有包括地球在内的 8 颗行星，数量超过 150 颗的卫星，还有无数如小行星和彗星等天体。小行星和彗星的体积更小，但也是太阳系的一部分，都受太阳巨大引力的影响。

## 绕着太阳转

太阳系中的行星和其他物体都绕着太阳转动，而且几乎都是在太阳的赤道平面上运行。但是各行星公转的速度各不相同，最靠近太阳的行星——水星，其公转速度约为 $1.7 \times 10^5$ 千米 / 小时。而最远的行星海王星，其公转速度为 $1.9 \times 10^4$ 千米 / 小时。

▼ 木 星

天王星 ▼

土 星 ▲

海王星 ▲

## 关于行星的相关知识

行星发光是由于它反射了来自太阳的光线，而不是自己发光。行星亮度的改变取决于它们离太阳有多远以及接收到的太阳光照有多少。金星和木星看起来就比天狼星、织女星等恒星更亮。

# 观察行星

在太阳系中，有 5 颗行星亮到我们可以不用双筒望远镜就可以看到它们。这 5 颗行星包括 3 颗岩态行星——水星、金星和火星，以及两颗巨大的气态行星——木星和土星。由于其余行星（天王星和海王星）距离地球太远，因此我们需要用大口径望远镜才能看到它们。

▼ 木 星

## 行星的轨迹

行星在天空中由东到西移动，它们的轨迹和月球、太阳的轨迹大致相同。这就意味着有时天空中的行星看起来会靠得很近，甚至会连成一条直线。

## 你知道吗 ?

所有行星都以不同的速度在移动，它们绕太阳公转一周的时间各不相同：土星需要 30 年，水星只需要 88 天。这就使得它们在天空中出现的位置每年都会不一样。

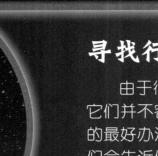

# 寻找行星

　　由于行星时刻处于运动状态，因此要观察它们并不容易。其实在天空中找到某一颗行星的最好办法是去看看天文学杂志或者网站，它们会告诉你任意时刻行星会穿过哪个星座。找到这个星座，再找到上面多余的那颗星星——这应该就是要找的那颗行星！

▲ 狮子座中的火星

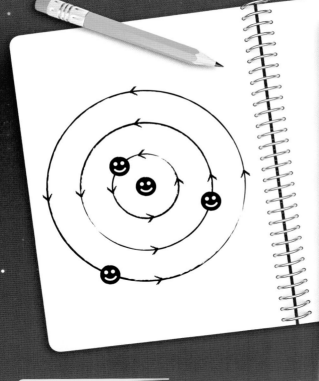

## 要做的事

　　和一群朋友一起试着去表演行星是怎么绕着太阳转动的。在花园或者广场上画出三个大的同心圆，在圆中心站一个人当太阳。现在你们当中的另外三个开始沿着三个圆走动，仿佛行星绕着太阳转动。让在第一个圈上的人走得最快，最外圈的人走得最慢，注意一下每个人的位置变化和其他人有什么不同。这样就能解释为什么从地球上看行星的运动显得那么复杂。

▼ 火　星

◀ 金　星

◀ 土　星

▲ 有些夜晚，你能同时看见几个行星。

# 金　星

　　金星经常被人们错认为不明飞行物，原因在于金星是夜空中除了月球外最亮的星球，而且它看起来离地面很近。有时在没有月亮的黑夜中，从金星上照过来的光线甚至能使得地球上的物体产生阴影。

## 温室星球

　　金星的体积和地球差不多大，但是它的公转轨道却比地球更接近太阳。金星表面充满了厚厚的云尘，它的大气层像温室一般，使得金星表面的温度可上升到 480℃，这个温度足以使铅熔化。

◀ 和温室类似，金星的大气中储存了来自太阳的热量。在很久以前，金星的温度也许比现在要低很多。

## 时间表

在北半球观看金星的最好时间段是:
· 2015 年夏天的晚上
· 2015 年秋天的黎明前
· 2016 年春天黎明前
· 2017 年春天的晚上
· 2018 年秋天的晚上
· 2019 年春天黎明前
· 2020 年秋天黎明前

## 发现金星

尽管金星很亮，且离地球表面的距离不是很远，但通常会被云层或者建筑物挡住而看不到它。寻找金星的最佳时间段是太阳升起前或者太阳落山后。

金 星 ▶

月 球 ▶

这幅图是 1979 年先 ▲
驱者行星探测器拍下
的金星照片。

## 星空实录

》金星离太阳的距离大约是 $1.08 \times 10^8$ 千米。

》金星上的大气成分主要是二氧化碳。

》金星上的引力几乎和地球引力一样。

# 金星的相位

　　金星的亮度和尺寸看似一直在变化，其原因在于它的公转轨道和地球不同，因此它与地球的距离就时远时近。由于它绕着太阳公转，从地球上看，金星和月球一样，也有相位的变化。

## 金星变化的面

　　和月球一样，金星在天空中会出现从满月到半月，再到新月的盈亏变化。这个循环周期是 580 天。当金星远离太阳开始靠近地球时，我们在前半夜就能看到它；而当金星开始远离地球时，我们只能在后半夜看到它。

当金星在地球和太阳的连线上，而且金星和地球不在太阳的同一侧时，金星看起来就是一轮尺寸更小的满月。

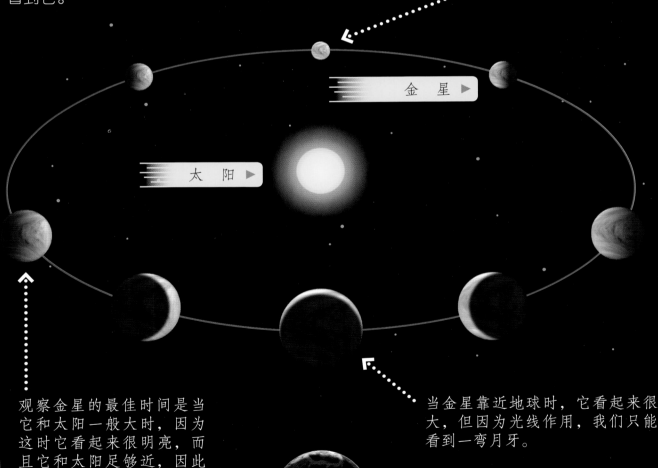

观察金星的最佳时间是当它和太阳一般大时，因为这时它看起来很明亮，而且它和太阳足够近，因此看起来很大。

当金星靠近地球时，它看起来很大，但因为光线作用，我们只能看到一弯月牙。

金星 ▶

太阳 ▶

地球 ▶

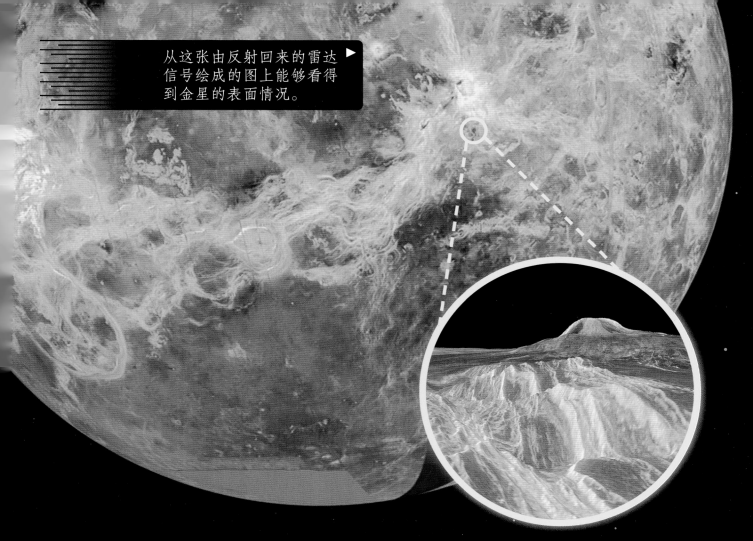

从这张由反射回来的雷达信号绘成的图上能够看得到金星的表面情况。

## 金星的表面

尽管金星表面覆盖着厚厚的云尘，但空间探测器还是发现了金星的一些岩石面。金星表面的许多特征和地球表面一样，比如都有盆地、山峰、平原和陨石坑。

▲ 金星上的峡谷长度可以达到 100 千米。

## 探测金星

为探测金星的大气层和表面，人类已经往金星上发射了很多航天器，其中有些已经在金星上登陆。1982年，苏联的金星 13 号航天器第一次传回金星表面的彩图，但由于金星的高温，它仅仅在其表面工作了几个小时。

▲ 科学家们正在装配金星 13 号探测器。

# 水　星

水星是距离太阳最近的行星，它的公转周期为 88 天，也就是说水星上的一年只相当于地球上的 88 天。水星仅比月球大一点点，表面也有许多陨石坑，它看起来和月球很像。

## 发现水星

水星是太阳系中最小的行星，也不太亮，因此不用双筒望远镜很难发现它。有时在太阳升起前的半个小时或者日落后的半个小时内偶尔能看到它。但是午夜时分你永远都看不见它。

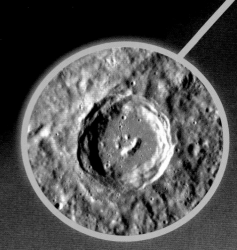

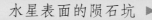
水星表面的陨石坑 ▶

## 南北半球看水星

黎明前去看水星很困难，因此观看水星的最佳时间是在日落之后。如果你生活在北半球，在 4~6 月的日落之后，你朝着西方的低空搜寻，就能找到它。如果你是在南半球，那你就试着于 9~11 月去找水星。

## 登陆水星的任务

从 2008 年开始，美国宇航局的信使号航天器开始绕着水星转动，并已传回关于该行星的清晰图像和数据。科学家们试着去弄懂水星是怎么形成的，以及水星上的陨石坑是否有冰和水。

▲ 由于信使号离太阳很近，为了保护信使号不受高温影响，航天器上用了特殊的防护盾。

水星的公转轨道比地球的公转轨道距离太阳更近，为了观察这颗小行星，你只能选择在太阳升起前或者落下后。

木 星 ▼

▲ 水 星

## 你知道吗 **?**

水星的名字（英文名 Mercury）是根据罗马的信使天神墨丘利命名的，其原因是水星绕着太阳运转时其速度很快。在古代神话中，信使墨丘利戴着翼帽、穿着草鞋传递军中信息时，奔跑速度很快。

◀ 罗马神话中的墨丘利

# 水星冰冻的两极

　　和地球相比，尽管水星要更靠近太阳，但水星在其两极的陨石坑中却存在冰。这是因为，在水星的两极位置，太阳光从来照不到那些深深的陨石坑，因此这些陨石坑的温度相当低。

▼ 这幅由美国宇航局水手 10 号航天器拍摄的图片展现了水星表面由于小行星撞击产生的疤痕。

## 水星的相位

　　和金星、月球一样，水星也有相位，即经历了从满月到半月，再变为新月的变化过程，但是其前提是你得用一副望远镜才能看到这些变化。

## 星空实录

» 水星与太阳之间的距离为 $5.8 \times 10^7$ 千米。

» 水星的体积比月球稍微大一点。

» 水星表面温度白天为 450℃，而晚上就变成了 –210℃。

▼ 和地球相比，水星的公转轨道更接近太阳。每隔几年你能看到太阳前面有一个小黑盘，这种稀有现象就叫水星凌日。

▲ 水星飞过太阳

◀ 水星的引力只有地球引力的 1/3，因此它的引力不足以吸住任何大气。

# 火　星

　　在太空中火星是我们的邻居。通常人们把它叫作红色星球，原因是火星表面是由富含氧化铁的石头组成的。用肉眼观察时，火星看起来像一颗明亮的红色恒星。

## 发现火星

　　火星的直径只有地球的一半。火星大部分时间看起来像颗红色的恒星。把它和恒星区别开的一种方法是它的光线不会闪烁，但恒星会。

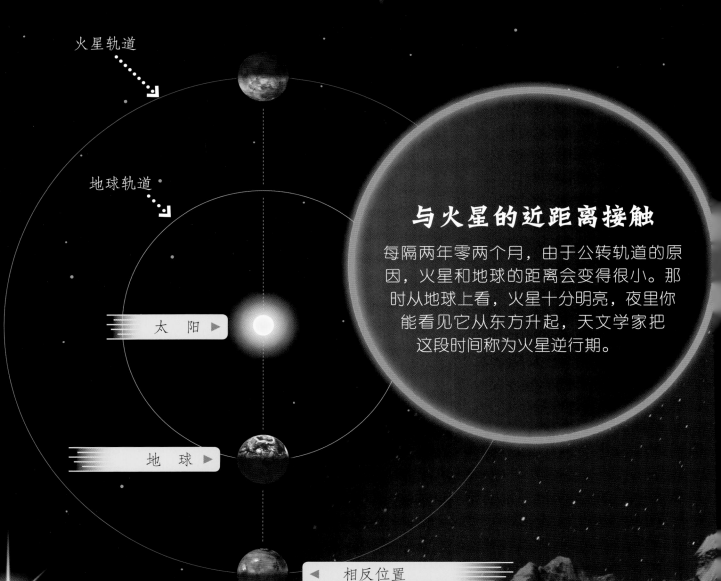

火星轨道

地球轨道

太　阳　▶

地　球　▶

◀　相反位置

## 与火星的近距离接触

每隔两年零两个月，由于公转轨道的原因，火星和地球的距离会变得很小。那时从地球上看，火星十分明亮，夜里你能看见它从东方升起，天文学家把这段时间称为火星逆行期。

## 想象一下这个

数十亿年前，火星上是有过河流的，甚至可能有过海洋。但是因为火星表面的温度太低，大气层太薄，因此现在就没有水了。

## 寻找火星以及它最亮的时刻

火星在以下时刻看起来像是在相反的位置。这时它看起来像颗红色恒星，而且亮度是最亮恒星的两倍。

- 2016 年 4~6 月
- 2018 年 7~9 月
- 2020 年 10~12 月

罗马战神 ▶

从相反位置看到的火星 ▶

## 战 神

火星是以罗马战神的名字命名的，这是因为它的颜色和血的颜色一样。

火星是唯一一个能从地球上看到其表面的行星。用一副好的高倍望远镜你就能看到火星两极明亮的冰帽和表面大块的黑色区域。但是火星上也有大片死火山和一个把火星表面从中间分开的大峡谷。

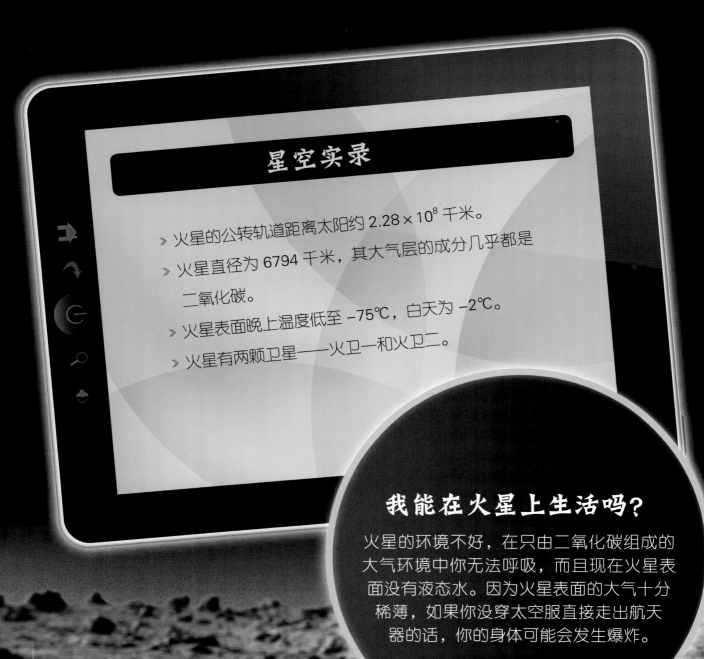

## 星空实录

» 火星的公转轨道距离太阳约 $2.28 \times 10^8$ 千米。

» 火星直径为 6794 千米，其大气层的成分几乎都是二氧化碳。

» 火星表面晚上温度低至 −75℃，白天为 −2℃。

» 火星有两颗卫星——火卫一和火卫二。

### 我能在火星上生活吗？

火星的环境不好，在只由二氧化碳组成的大气环境中你无法呼吸，而且现在火星表面没有液态水。因为火星表面的大气十分稀薄，如果你没穿太空服直接走出航天器的话，你的身体可能会发生爆炸。

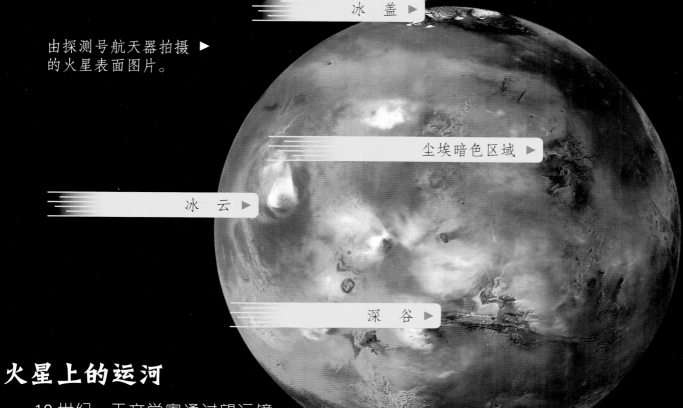

冰 盖 ▶

◀ 由探测号航天器拍摄
的火星表面图片。

尘埃暗色区域 ▶

冰 云 ▶

深 谷 ▶

## 火星上的运河

19 世纪，天文学家通过望远镜
观察火星，并且画下了他们所看到的火
星表面图案。他们认为火星上纵横交错的运河
是由火星人建造的。其实通过高科技手段如高
分辨率望远镜和航天器就可以了解到这些运河
是由水床和数十亿年前流过该地的河流形成的。

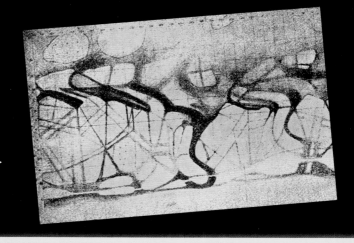

天文学家于 19 世纪绘 ▶
制的火星上的运河图。

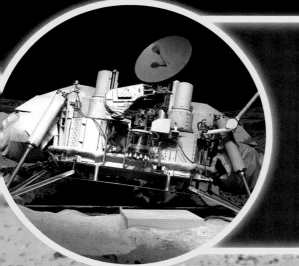

## 探测火星的任务

已经有一系列航天器前往火星执行探测任务。
1976 年名为海盗 1 号和海盗 2 号的第一批探测
器在火星着陆。它们拍下了关于这颗红色星球的
一些图片。最近，科学家们往火星上发射了一些
轮式探测器，用于监测火星的沙暴现象和季节变
化，并测试其土壤中是否有生命迹象。

# 木 星

木星是太阳系中最大的行星，它的体积比太阳系中其他行星的体积加起来还要大。它看起来是颗白色的行星，亮度比最亮的恒星——天狼星还要亮，因此很容易就能发现它。

## 发现木星

木星很亮，有时在黑夜里它甚至能让地球上的物体产生影子。木星绕太阳公转的周期是地球绕太阳公转周期的 12 倍。这意味着在我们看来它在天空中移动的速度很慢，因此好几个月可以在同一方向一直看见它。观察木星的最佳时间是当地球正好在木星和太阳连线的中间时。此时，不管你在哪儿，午夜时分的木星看起来总是天空中的最高点。

地 球 ▶

木 星 ▶

## 时 间 表

为了在木星最亮的时候能够看到它，我们需要在以下时间段去观察它：
· 2015 年 2 月在巨蟹座周围
· 2016 年 3 月在狮子座附近
· 2017 年 4 月在室女座附近
· 2018 年 5 月在天秤座附近
· 2019 年 6 月在蛇夫座附近

## 星空实录

» 木星距离地球约 $7.78 \times 10^8$ 千米远。

» 木星的直径约为 $1.428 \times 10^5$ 千米。

» 木星高层大气的温度是 $-110°C$。

# 一个巨大的气体球

木星是一颗巨大的行星，主要成分是氢气和氦气，其表面没有固体，它的周围被由黑色的尘土组成的木星环包围着。木星周围至少有 67 颗卫星，其中有 4 颗体积较大。

# 巨大的行星

**木星因巨大的体积使得它的引力是地球的 2.5 倍。这么大的引力使得它周围有许多卫星和一系列尘埃环绕着它转动。**

## 木星的卫星

　　紧紧握住望远镜，用它们去观察木星。你应该注意到在木星的两边有 4 个点。这几个点是木星的四大卫星：木卫一、木卫二、木卫三和木卫四。四大卫星绕着这颗大行星快速公转。如果你在多个夜晚观察它们，你会发现它们围绕木星运转时其位置在不断改变。

▼ 木 星

卫 星 ▲

## 你知道吗 ?

　　木星上有一层旋转的大气。还有个叫作大红斑的巨大风暴中心，它在木星上旋转了将近 300 年。这个风暴中心大到足以装下两个地球，它旋转的速度超过 $1.5 \times 10^{6}$ 千米／小时。

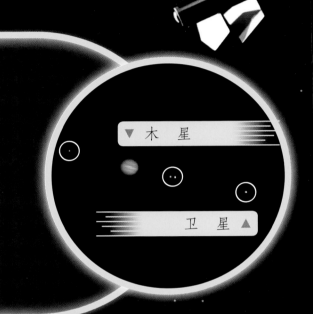

大红斑 ▼

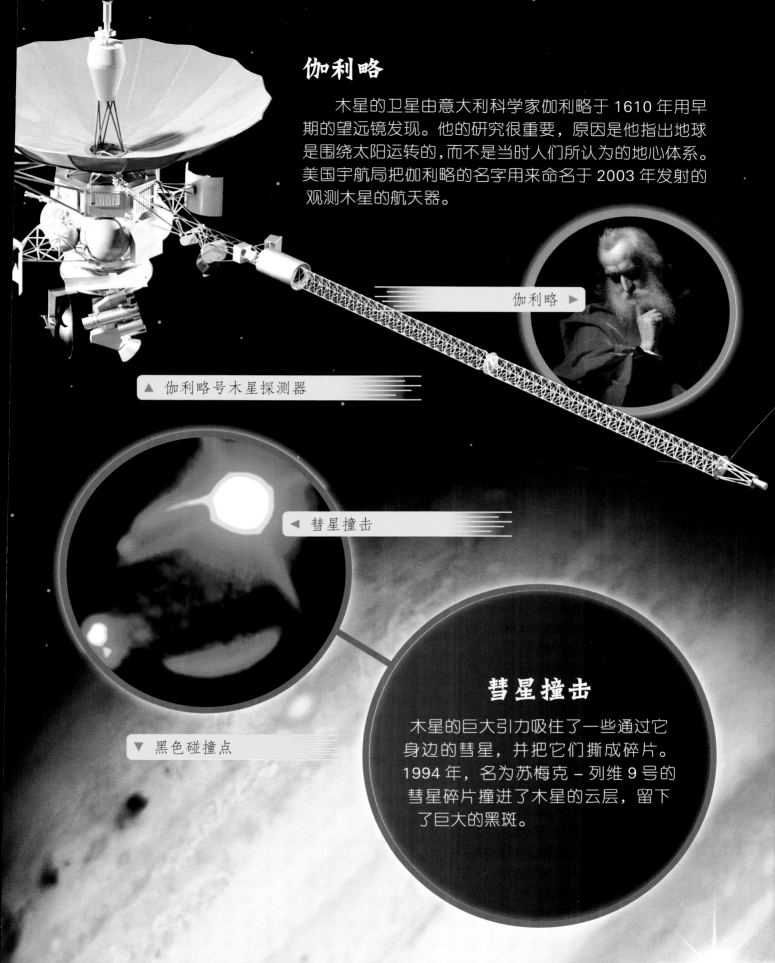

# 伽利略

　　木星的卫星由意大利科学家伽利略于 1610 年用早期的望远镜发现。他的研究很重要，原因是他指出地球是围绕太阳运转的，而不是当时人们所认为的地心体系。美国宇航局把伽利略的名字用来命名于 2003 年发射的观测木星的航天器。

伽利略 ▶

▲ 伽利略号木星探测器

◀ 彗星撞击

▼ 黑色碰撞点

## 彗星撞击

　　木星的巨大引力吸住了一些通过它身边的彗星，并把它们撕成碎片。1994 年，名为苏梅克 – 列维 9 号的彗星碎片撞进了木星的云层，留下了巨大的黑斑。

# 土　星

　　土星是太阳系 8 颗行星中体积第二大行星，至太阳距离（由近到远）位于第六。这颗遥远的行星看起来是灰黄色的，而且比木星和金星要稍暗，但是它在晚上的亮度却比所有恒星都要亮。

土星环内 ▼

## 环带之王

　　和木星一样，土星也是一颗巨大的气体行星。在巨大的氢气和氦气层底下，土星内部渐渐变成一个巨大的液体球。土星因有一个漂亮的土星环围绕着自己运转而出名，土星环由数百万颗表面覆盖着冰的石头和一些尘土组成。

## 想象一下这个

土星大部分是由氢和氦组成的，氢和氦是所有化学元素中最轻的元素，因此，尽管它的直径是地球的10倍，但它的引力却仅仅比地球强一点点。

## 发现土星

土星要完成一次绕太阳的公转需要很长时间，大概是29个地球年。这意味着土星看起来在满布星座的天空中移动的速度很慢，它需要两年左右的时间才能穿过一个星座，因此要在太空中发现这颗明亮如金色恒星般的行星相当容易。

## 时间表

为找到土星，应在它穿过的星座中去找，时间如下：

· 2014~2015年土星会从天秤座中穿过

· 2016~2018年土星会从蛇夫座中穿过

· 2019~2020年土星会从人马座中穿过

金牛座内的土星 ▲

# 土星环和卫星

　　土星环是由于小行星与彗星和土星近距离接触时，被土星的引力撕碎而形成的。土星环的直径约 $2.5 \times 10^5$ 千米，但是只有 1.5 千米厚。要发现土星环是个挑战，但它令人称奇的景色还是值得我们一试的。

## 发现土星环

　　要观察土星环，你需要一副小型望远镜，选择一个晴朗的黑夜近距离观看土星环——它们就像土星的把手一样粘在土星的两边。

望远镜视野下 ▲
的土星视图

## 倾斜

　　从地球上看，土星环每年都会改变它的倾斜角度。有时土星环是侧面面向我们的，但由于土星环很薄，所以我们无法看到它。而 2014~2020 年期间土星环会慢慢变成水平状，并且开始面向地球，这样就方便我们观察它。2017 年，土星环将会展示它的全貌，而且到那时土星看起来会更亮。

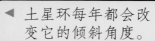

◀ 土星环每年都会改变它的倾斜角度。

## 极地气旋

美国航天局的卡西尼航天器于 2004 年到达土星，并发回了一些有意思的图片。图片中，在土星的两极有巨大的气旋现象，它的尺寸大约是地球的 20 倍。来自土星内部的热量增强了这些雷暴的威力。

▼ 一位艺术家对泰坦星的想象。

## 你知道吗 ?

土星有 62 颗卫星，最大的叫作泰坦星，它有大气层。科学家们于 2005 年 1 月发射的惠更斯号探测器登陆泰坦星球。该航天器发回到地球的图片表明，泰坦是个奇怪的星球，上面的湖和河流是由烃类物质构成的。

在夜空下观测最大而且最亮的卫星——月球，了解它是什么时候且如何形成的。

一个月内月亮的形状看起来是在不断改变的——了解怎么去预测月亮的相位以及理解它们发生的原因。

为什么我们只能看到月球亮的一边？找到月球暗的那一边，看看它的庐山真面目。

# 月 球

观测月球的表面，并认出它表面的环形山和海洋特征。

找到航天员探测月球时的登陆点。

# 观察月球

不管你身处何地，户外探索天体时将月球作为一个观测对象是个不错的选择，因为它的美丽和特别值得我们去了解它。它不像恒星本身能发光，而看起来很亮是因为它反射了太阳光。月亮比其他恒星和行星等离我们更近，它是夜空中看起来最亮且最大的天体。

**你知道吗?**

大约在 5 亿年前，有一块火星大小的石头和年轻的地球发生碰撞，剧烈碰撞产生的大量碎石块进入环绕地球的轨道飞行，渐渐地，这些碎石块聚集在一起，就形成了今天的月亮。

## 月亮暗的那一边

从地球上观察，我们只能看到月球的一面。原因是月球自转的速度和它绕地球公转的速度一样，因此它总是只有一面朝着我们。而它的另外一面就是我们常说的月亮上的"暗面"，它只能从航天器上看到。

## 发现月球

晚上有月亮时，用肉眼你很快就能看到它。仅仅用一副小型望远镜，你就能看清它的表面形状。

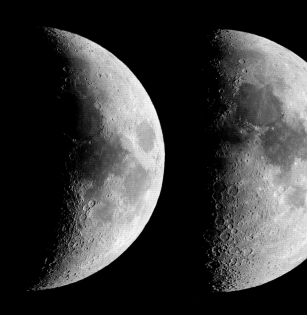

▲ 新　月　　　▲ 上弦月　　　▲ 盈凸月

# 月　相

　　我们知道月亮是个球体，那为什么有时候它看起来是圆形的，有时候又是月牙形的呢？月球自己的形状当然是不会改变的，其背后的魔法师为地球和太阳。当月球绕着地球转动时，人们能看到的是月亮反射太阳光的那部分面积，因为反射面积不同，所以就有了月亮的盈亏变化。而不同的月亮形状就叫作月相。

## 你知道吗？

　　月相对地球上的生命成长具有非常重要的作用。地球上的海潮，动物的行为改变甚至是宗教的节日日期确定都受到月亮盈亏的影响。

► 复活节的星期日就是根据月亮的相位来决定的。

▼ 满 月

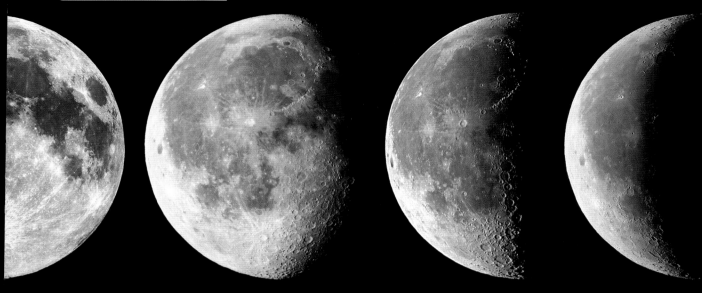

亏凸月 ▲　　　　　下弦月 ▲　　　　　残 月 ▲

## 观看月球的视角

　　从地球上观察，月球的相位能够看得清清楚楚。月球变得越来越大的过程叫作盈月，而月球变得越来越小的过程叫作亏月。

## 要做的事

　　一个月内每晚都去观察月亮，然后把每晚看到的月亮形状画下来，并在图案中标注日期、具体观测时间以及此刻你认为它应该是哪个月相。

3 月 23 日

星期六

蛾眉月

# 月球的表面

你可以探索月球上的环形山、高地以及月海。随着月相的变化，这些各不相同的特征都能看得见。

## 发现环形山

当月相大于半月时，可以去找找月球上的环形山。这些环形山是由流星和小行星撞击月球表面而形成的。

## 阿利斯塔克环形山

在月球的左半部分，你可以看到这个明亮的大环形山，它的实际年龄已经有 4.5 亿年。

## 哥白尼环形山

哥白尼环形山在阿利斯塔克环形山的右下角，这个环形山深度超过 1 千米。它是以波兰天文学家哥白尼名字命名的。

## 第谷环形山

这个环形山靠近月亮的底部，直径约有 85 千米，环形山外边的射线是由于一颗巨大的流星撞击月球而形成的。

## 发现月海

在月亮上黑暗的部分叫作月海，但那里没有水。相反，它们是平滑而且坚硬的平原，它是由很久以前熔化的岩石冲击月球的表面而形成的。

## 找找明暗界线

明暗界线就是被阳光照射的月球亮面与不受阳光照射的月球暗面的分界线。

明暗界线 ▶

# 探索月球

月球是太阳系中除地球外唯一一个被人类登陆过的星体。六架载人航天器和许多无人探测器都已登陆过月球，它们传回了大量信息，甚至收集了月球表面的岩石样品。

## 寻找阿波罗号

用一副双筒望远镜去找找阿波罗飞船登陆月球的地点。下面这张关于月球的图片——月球上巨大的环形山和黑色的月海能够帮助你完成任务。

这个环形山叫作开普勒环形山，它是一个小版本的哥白尼环形山。

阿波罗 15 号

这块黑色的区域叫作澄海，直径大约为 600 千米。

阿波罗 17 号

▲ 着陆舱

这块叫作危海，用肉眼很容易就能看得到它，其宽度有 550 千米。

阿波罗 12 号

湿海，用肉眼就能看得到。它大概有 350 千米宽。

这块叫作静海，它是个平原，是人类第一次在月球上行走的地方。

阿波罗 16 号

阿波罗 14 号

阿波罗 11 号

## 第一次登月

1966 年苏联发射了第一架登陆月球的航天器，航天器的名字叫月球 9 号。它拍摄了月球表面的照片，并测量了辐射的量级。

▲ 月球 9 号探测器

## 载人的任务

只有 6 架载人航天器在月球上登陆过，它们全都隶属美国航空航天局的阿波罗项目部。1969 年 7 月，阿波罗 11 号第一次在相当平整的静海表面上着陆。最后一次执行载人登月任务的飞船是阿波罗 17 号。

▲ 宇航员尼尔·阿姆斯特朗是第一个在月球上行走的人。

# 月 食

　　月食是夜空稀有而壮丽的景色。当月球经过地球的阴影区域时，月食就出现了。要出现这种现象，月球和太阳必须在地球的两边。但这种情况不会经常发生，在地球上一年只能看到两次。

## 观看月食

　　你可以用肉眼或者借助双筒望远镜观看完整的月食过程。月食从开始到结束大约要几个小时，在这期间月亮完全被地球的阴影所覆盖。发生月食的时间较长，因此你最好采取每隔 20 分钟观察一次的方法，跟踪被地球阴影覆盖的那部分月亮的面积是如何变化的。

发生月食期间月球上 ▲
覆盖着地球的阴影。

## 月食是怎么发生的

　　发生月食时，地球的阴影缓缓越过月球。有时月球会被地球阴影完全遮住，这叫月全食。有时月球只是被遮了一小部分，此时就叫作月偏食。

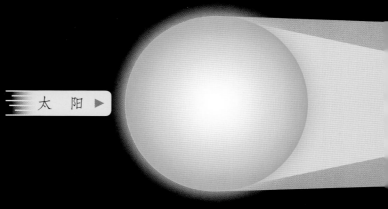

太 阳 ▶

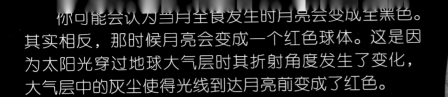

你可能会认为当月全食发生时月亮会变成全黑色。其实相反,那时候月亮会变成一个红色球体。这是因为太阳光穿过地球大气层时其折射角度发生了变化,大气层中的灰尘使得光线到达月亮前变成了红色。

## 时间表

未来下面这些地方和这些时间段会出现月全食和月偏食现象:

· 2015 年 4 月 4 日,亚洲、大洋洲及美国南部

· 2018 年 7 月 27 日,欧洲、非洲、亚洲以及大洋洲

· 2019 年 1 月 21 日,欧洲、非洲及美国南部

· 2017 年 8 月 7 日,能在欧洲、亚洲和大洋洲看到月偏食

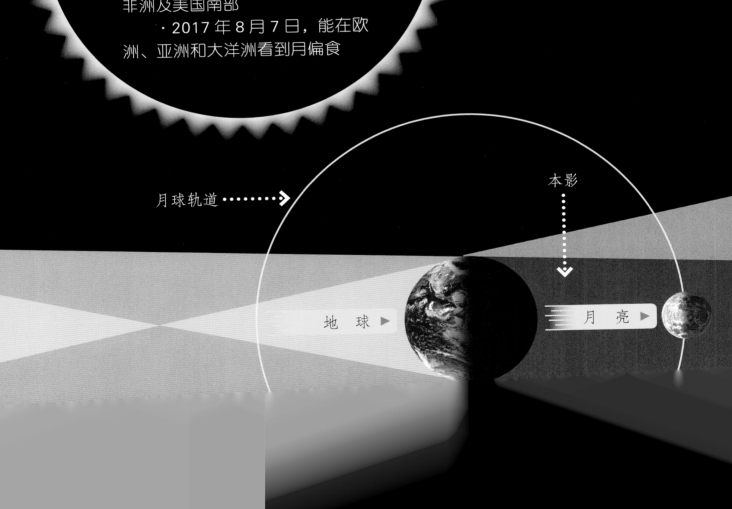

月球轨道 ┄┄┄▶

本影

地 球 ▶

月 亮 ▶

日食是个奇怪的景象——看看它是怎么发生的，下一次会是什么时候发生，并想想要怎么做才能安全地观看日食。

流星雨能够点亮天空，但是何时何地你能看到它们呢？

彗星是什么？你何时能看到一次？来学习更多有关这些冰球的知识吧。

# 不寻常的景象

太阳风是通过什么手段使我们的大气层发亮的呢？

找到流星和陨石的区别。

流星是自然界的杰作。这些在夜里快速移动、发出一缕缕光线的星星，有时被人们戏称为像子弹一样的恒星，但其实它们和恒星一点关系也没有。流星是一些小石块或者来自太空中的颗粒物穿过地球大气层时燃烧而产生的现象。

## 流星雨

每年无论什么季节都有流星可看，但有些月份特别适合观测。到时流星雨格外壮观，一小时内能看得见数百颗流星，而且所有流星看起来都像是来自天空中的同一方位。

## 做好准备

你不用准备特别的装备，直接用眼睛就可以看见流星雨，但要选择最佳的观测时机。你需要确认它发生的日期并找到该空域的星座，尽可能选一个没有月亮的晴天黑夜，并且不要让城市的灯光打扰到你。

躺在地上或者一把石椅 ▲
上观看这场流星秀。

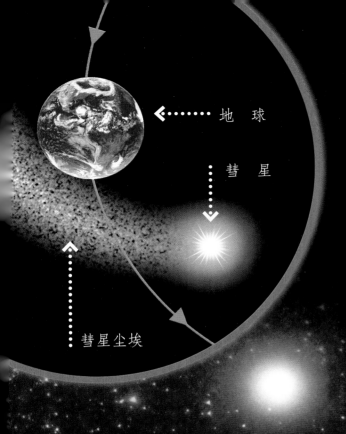

地 球

彗 星

彗星尘埃

## 燃烧的彗星尘埃

靠近地球的彗星留下了大量的微小尘埃。随着地球的公转，当地球穿过这些彗星留下的尘埃区域时，地球上空就出现了流星雨。此时，大量尘埃坠入地球大气层中并开始燃烧，产生了流星雨。

你知道吗 ？

在地球的大气层中燃烧过的颗粒物，有的像尘埃一样小，有的像石块一样大。如果这些颗粒物在坠落地面前没有燃烧殆尽而坠落在地球表面，那就成了陨石。

◀ 陨 石

流星条纹 ▲

▲ 在空中寻找英
仙座的形状。

▲ 流星划过太空。

# 英仙座流星雨

　　每年的 7~8 月份会爆发英仙座流星雨，8 月中旬是英仙座流星雨的全盛时期，那时候每小时会有 50~75 颗流星划过天空，大自然正为你做一次最精彩的表演。但是如果你在南半球，则可能只能每小时看到 10~20 颗流星。

## 星空实录

» 英仙座流星雨的灰尘来自塔特尔彗星。

» 最近一次看到塔特尔彗星是在 1992 年，而它再次出现要到 2126 年。

» 在地球大气层中燃烧的流星其移动的速度大约为 $2.15 \times 10^5$ 千米/小时。

## 发现英仙座

英仙座流星雨是从英仙座所在区域发出来的。仰望天空，找找这个星座周围的黑色区域。

▲

如果你喜欢露营的话，为什么不选择一个有流星雨的日子呢？

# 狮子座流星雨

　　狮子座流星雨较为特殊，因为有时它会变成一场流星风暴。1966 年，美国的夜空观测者们看到了每分钟将近 3000 颗流星划过。但是大的流星风暴很罕见，大部分正常时间里你会看到的大流星数是每小时 10~20 颗。

## 发现狮子座流星雨

　　每年观看狮子座流星雨的时间是 11 月中旬到下旬。午夜后观看流星雨效果更好，看得更清楚，它们将覆盖整个夜空。假如你追踪其来源的话，你会发现它们是从狮子座散发出来的。在南北半球我们都可以看见狮子座流星雨。

## 流星风暴

　　1833 年观看过狮子座流星雨的人事后回忆，当时他们看到天空中每小时约有 100000 颗流星划过。有些人记录下了这一神奇的时刻。下一次出现如此大型的流星雨要到 2023 年，那时候地球会再一次穿过一个更厚的彗星尘埃区，美丽剧情会再次上演。

1833 年 11 月 13 日的 ▲
狮子座流星雨盛景

## 星空实录

» 狮子座流星雨产生的原因是地球穿过了塔特尔彗星留下的灰尘区。

» 你能看见的那些光线是灰尘颗粒在穿过地球大气层时燃烧产生的，燃烧时温度高达 1650℃，大部分颗粒尺寸都不如一粒花生米大。

# 双子座流星雨

双子座流星雨是每年都会出现的最漂亮的几个流星雨中的一个。无论是在南半球还是北半球，我们都能看见它。其名字之所以为双子座流星雨，因为它看起来是从双子座所处的星空中散发出来的。

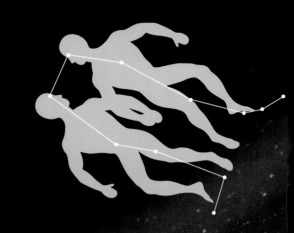

▼ 看看双子座流星雨。

## 火流星

在南半球，双子座总是靠近地平线，因此在北半球看见双子座流星雨的机会要比南半球少。如果你够幸运的话，你会发现出现双子座流星雨时天空会出现一些特别亮的"火流星"，那时天空将被点亮。

# 发现双子座流星雨

每年 12 月份的前 3 周你可以去看看双子座流星雨。最好观看时机大约是 12 月份的 14~15 日。最佳时间是晚上 9 点多，那个时候你可以看到每小时约有 120 颗流星上演精彩剧情。

## 要做的事

你在看到流星雨后，试着把你看到的画下来。在一张黑纸上，你用白色、黄色和橙色彩笔描绘天空中的光线，也把地平线、树木和建筑物画出来，还可以试着把这些流星来自哪个星座也画出来。

▲ 一场双子座流星雨

# 旖旎的极光

有时候夜空中会出现一些不停舞动与闪烁的光线，它们叫作极光。通常在靠近地球南极或者北极的国家，比如冰岛、挪威、加拿大、澳大利亚和新西兰等，都能看见极光。

## 发现极光

要观看极光很方便，但是时间上你需要选一个晴朗的黑夜，最好在户外找一个没有城市灯光打扰的地点。然后在午夜时分，先让你的眼睛适应黑暗环境，然后面朝北（如果你在南半球，就面朝南），盯紧地平线。极光最有可能呈现淡绿色和红色。

## 什么是极光

极光的产生是由于太阳散发出的包含高速带电粒子的高温气体（也称太阳风）抵达地球的磁场区时，被吸到靠近地球北极和南极附近的大气中去，使高层大气中的原子电离，产生了夺目的光芒。

在北半球，这些舞动的光线叫作北极光，在南半球人们把它称之为南极光。在古罗马神话里奥罗拉女神给人们带来了曙光，掌管着北极光，也被称为极光女神。

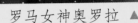

罗马女神奥罗拉 ▲

## 星空实录

» 大部分极光出现在离地面100 千米的空中。

» 太阳的高速带电粒子至少需要花两天时间，经过 $1.5 \times 10^8$ 千米距离才能到达地球。

» 极光的颜色可能是绿色、黄色、橙色或者是红色，有时各种可见光颜色都可看到。

国际空间站 ▲

# 飞奔的卫星

现在，在地球周围大约有 2500 颗人造卫星和航天器绕着地球转动。而且它们和行星、月球一样，能够反射太阳光，因此我们能够在夜空下看到它们。

## 太空之眼

在现代生活中，卫星的作用十分重要，它们为全人类传送电话和电视信号，帮助人们预测天气并收集有关地球和宇宙的重要信息。为了能在轨道上运行，它需要以将近 30000 千米 / 小时的速度挣脱地球的束缚而平安运行，卫星环绕地球公转 1 周的时间将近 2 小时。

# 发现卫星

某个晴朗夜晚你有可能会发现每小时有 20 颗卫星通过天空。观察这些卫星时你必须有一个良好且广阔的视角。和流星划过天空不一样，当它在天空中出现时，它的光线会在天空中停留 5 分钟，或者直到它消失在地平线的另一端，这些光线才消失。大部分卫星是从西边飞向东边的。

## 国际空间站

国际空间站 (ISS) 是人类目前为止在太空中建造的最大建筑，大约有一个足球场面积那么大。国际空间站在距离地面 360 千米的太空中绕地球转动，有时候它看起来比金星还要亮！日出前和日落后，我们能看到国际空间站会出现在西边的天空中，就像一架快速移动的飞机，只是它本身没有闪烁的灯光出现。

国际空间站在我们头顶以 27000 ▲
千米 / 小时的速度环绕地球转动。

## 星空实录

» 大部分卫星所在的轨道距离地球 400 千米远。

» 第一颗人造卫星叫斯普特尼克 1 号卫星，如篮球般大小，于 1957 年进入轨道运行。

斯普特尼克 1 号卫星 ▲

# 日　食

　　日食可能是天空中最大的一场秀。当月球在地球和太阳连线的中间时，月球挡住了大部分的太阳光，地球上就能看到日食。一次完整的日食发生的概率大概是每两年一次。

## 日食是怎样发生的？

　　因为只有当太空中的太阳、月球和地球处在恰当的位置才会出现日食，而且你只有处于地球上合适的位置且在合适的时间才能看得到日食，因此日食很少见。有时月球只是挡住了太阳的一部分光线，我们仍然可以看见残缺的太阳，这就是日偏食现象。

▲ 日偏食

## 天狗食日

　　当日食开始的时候，你会看到月球缓缓地覆盖住太阳，看起来像是月球咬住了一部分太阳！几个小时后，月球"咬"住的太阳部分越来越大，最后月球完全把太阳遮挡住了。这个时刻叫作食甚，它只会持续几分钟。那时候白天会变成黑夜，你会看到一些恒星，而且鸟会停止鸣叫，你可能会感觉到有点冷。

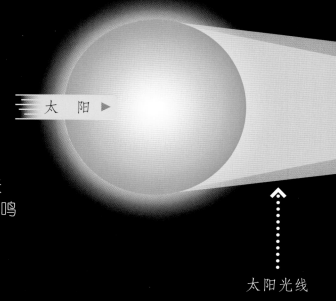

◀ 太　阳　▶

太阳光线

日食发生过程 ▶

## 危险！注意！

你不能直接用肉眼、双筒望远镜或其他望远镜看太阳。直视太阳对眼睛有伤害，容易导致失明。我们将在下一节中讲解如何安全观看日食。

只有当月球在太阳的正前方时你才能看到日全食。▼

日全食

黑夜

◀ 地　球

月　球 ▲

日偏食

月球轨道

# 安全观看日食

为了安全观看日食,你得寻求大人的帮助。我们不能直视太阳,因此你需要用一个简单的针孔观看器把太阳的影像投射到一个屏幕上。

## 戴着眼镜看

你可以买一副特制的日食眼镜,它能安全地过滤太阳光。戴上这样的眼镜能让你在几分钟内安全观看日食。向大人要一副这样的眼镜吧,它和太阳镜是不一样的!

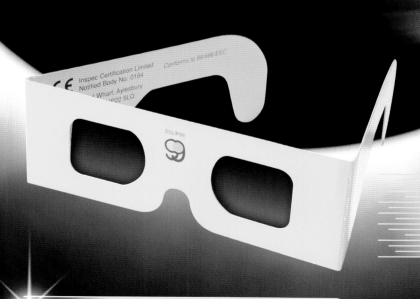

发生日全食的时候,你可能 ▲ 会看到太阳最外围的白光区域,这就是日冕,这些光线在月亮周边闪烁着。

日食眼镜 ▲

## 要做的事

❶ 要做一个针孔观看器，你需要两张硬纸片，其中一张必须是白色的，因为它要作为屏幕用；在其中一张纸上（颜色不限）切出一个小方块的洞，然后用一片铝箔纸盖住这个方块。

❷ 在铝箔纸的中间开一个小孔。

❸ 把另外一张白纸放在地上或椅子上，对着太阳，让太阳光通过针孔投影到白纸上，你可以通过来回移动带针孔的纸来获得更大更清晰的太阳图像。

## 时间表

未来会出现日全食的时间及地点如下：

· 2015 年 3 月 20 日：冰岛的部分地区，欧洲、北美洲以及亚洲

· 2016 年 3 月 9 日：东亚以及澳大利亚

· 2017 年 8 月 21 日：北美洲和南美洲的部分区域

· 2019 年 7 月：南美洲

· 2020 年 12 月 14 日：南美洲

明亮的彗星通常有两个流动的尾部，它们组成了 V 字形，一个尾部是蓝色的，由气体构成，另一个是乳黄色的，由尘埃组成。 ▶

# 大彗星

。

一颗带着巨大尾巴的明亮彗星划过夜空是自然界中最壮丽的景色之一。彗星不会经常出现，但当它们出现的时候，请做好充分的准备迎接它们的到来吧！不过有些彗星每隔 200 年才靠近地球一次，当它靠近地球时我们才能看到它。

## 彗星是什么？

彗星就像一个要绕太阳转动很久的大雪球。它们是太阳和太阳系在 4.5 亿年前留下的冰冷的残留物。彗星中冰冻的部分叫作彗星核，体积相当小，直径很少超过 15 千米。

▲ 坦普尔 1 号的彗星核

## 彗星的尾巴

　　大部分时间彗星离太阳很远，因此我们看不见它们。但是当彗星沿着轨道靠近太阳时，就会有一些特殊的变化。太阳加热了彗星的内核，并让它沸腾。沸腾的冰和灰尘形成彗星后面数千米长的发光的尾巴，尾巴的方向总是背离太阳，因此我们能看到彗星有一个发光的头部和一根长尾巴。

## 彗星的轨迹

　　彗星细长的轨道使得它会靠近太阳，此后逐渐进入我们的视线范围。

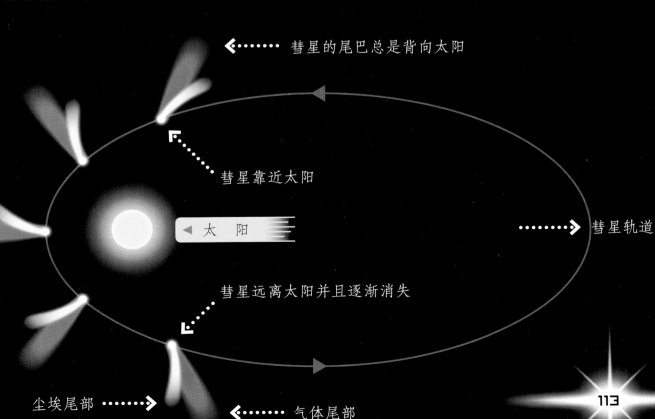

◀┈┈┈┈┈ 彗星的尾巴总是背向太阳

彗星靠近太阳

◀ 太　阳

┈┈┈┈┈▶ 彗星轨道

彗星远离太阳并且逐渐消失

尘埃尾部 ┈┈┈▶ 　　　◀┈┈┈ 气体尾部

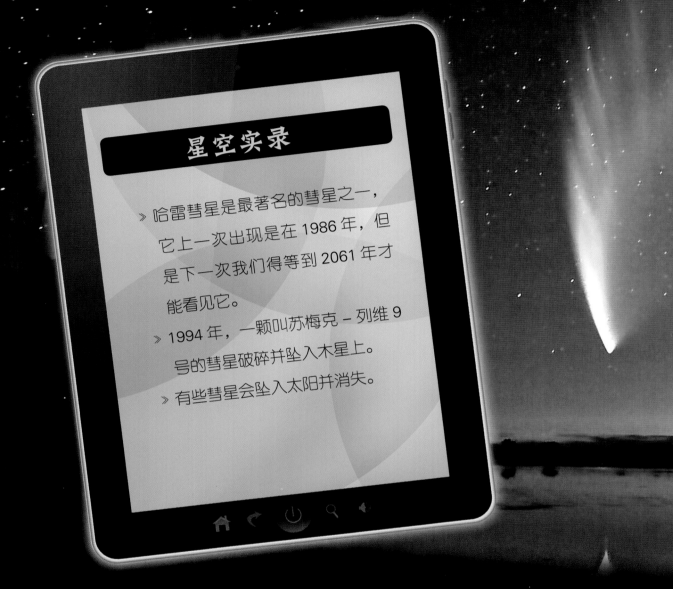

## 星空实录

» 哈雷彗星是最著名的彗星之一，它上一次出现是在 1986 年，但是下一次我们得等到 2061 年才能看见它。

» 1994 年，一颗叫苏梅克 – 列维 9 号的彗星破碎并坠入木星上。

» 有些彗星会坠入太阳并消失。

# 发现彗星

在天空中有些彗星会每隔几百年出现一次，但其他彗星就难以预测了。即使是天文学家也难以确定下一颗大彗星什么时候会来。最大的彗星即使在城镇明亮的灯光下也能很容易地被我们看见。

## 历史上出现过的大彗星

历史上有过一些著名的彗星出现过：1744年出现的大彗星十分明亮，人们在早上都能看得见；池谷 – 关彗星是 20 世纪最亮的彗星，1965年 10 月出现时，它几乎是满月的 10 倍那么亮。

▲ 这幅图画的是 1858 年划过伦敦上空的多纳蒂彗星。

## 你知道吗 ?

彗星在古人看来是神的信使，他们认为彗星在某个夜晚出现是一件极为可怕的事情，因为有些彗星看起来像是天空中的一把剑。当它们出现时，有些人会把它们当作战争的信号和灾难来临的征兆。

## 哪里能看到彗星？

彗星不会像流星那样瞬间划过天空。它离我们很远，因此它会在天空中出现数日、数周。大部分彗星很暗，因此需要一副双筒望远镜才能看到它们。即使那样，你也有可能只是看到彗星的尾部。观看彗星的地点必须登录天文学网站才能知道。

# 词汇表

**小行星** 太阳系中沿椭圆形轨道绕太阳运行而体积小的天体。大部分小行星的运行轨道在火星和木星之间。

**宇航员** 在太空中从事科研工作的技术人员。

**天文学家** 研究如行星和恒星等天体的科学家。

**大气层** 围绕一颗行星、卫星或者恒星的气体层。

**原子** 组成单质和化合物分子的基本单位，是物质在化学变化中的最小微粒。

**极光** 由于来自太阳的高速带电粒子进入地球（或者其他行星）南极或者北极的大气层产生的光学现象。

**黑洞** 一块体积很小但是质量非常大的空间区域，该区域的引力特别强，甚至光线都无法逃脱。

**二氧化碳** 一种动物会呼出、植物吸入的气体，在多个行星上都存在这种气体。

**彗星** 绕着太阳旋转的一种天体，通常在背着太阳的一面拖着一条扫帚状的长尾巴。

**星座** 人们用直线把不同恒星之间连接起来而组成的恒星的组合。

**天** 地球（或者任何行星）围绕自身的轴转动一周所花的时间。

**直径** 通过圆的中心到圆边上两点的直线距离。

**尘埃（太空中）** 指太空中恒星间漂浮的固体小颗粒。

**日食、月食** 在太空中一个物体挡在另外一个物体前，使人们看不见它的过程。

**元素** 化学上指具有相同核电荷数（即相同质子数）的同一类原子的总称，如氧元素、铁元素等。

**地球的赤道** 指地球北半球和南半球的分界线。

**星系** 由于引力的作用而聚集在一起的数十亿颗恒星、气体以及尘埃等物质。

**引力** 存在于任何物体之间的相互吸引的力。

**氦** 宇宙中第二轻而且分布第二广的元素，是恒星中的氢发生核聚变的产物。

**半球** 地球（或者行星）的一半，一般是指从北极或者南极到赤道之间的半个圆球部分。

**地平线** 地面和天空看起来相交的一条线。

**氢** 宇宙中最轻而且分布最广的元素。

**纬度** 地球上的一点相对于赤道的位置，赤道线以南和以北的纬度范围都是 90°。

**光年** 光在真空中一年内走过的距离，具体数值为 $9.5 \times 10^{12}$ 千米。

**经度** 地球上一点相对于从北到南通过英国格林尼治的虚拟线的位置，它是从该条虚线开始分东、西两个方向按角度大小计算的。

**物质** 占据空间并且有质量的事物。

**流星** 指太空中的小石块坠入地球大气层而燃烧产生明亮的光的现象。

**陨石** 从太空中坠入地球的岩石或者金属残留物。

**银河系** 拥有超过 1000 亿颗恒星的旋转星系，太阳和它所在的太阳系都是其中的一部分。

**月球** 地球的卫星，表面凹凸不平，本身不发光，只能反射太阳光。

**星云** 由气体和尘埃所组成的云状物质。星云中会产生新的恒星。

**核聚变** 较轻的元素连在一起变成较重元素的过程，在这一过程中会释放大量能量。

**轨道** 一个物体绕着另一个物体旋转的轨迹，比如月球绕着地球运转的轨迹。

**相位** 当月亮或者其他内行星绕着地球或太阳转动时，站在地球上看到这些行星受太阳光照部分产生变化的现象。

**星座图** 恒星在天空背景投影位置的分区图。

**北极和南极** 行星表面的两个点，它们离赤道的距离最远。

| | |
|---|---|
| **卫星** | 在太空中绕着其他物体旋转的物质（自然的和人造的均是）。 |
| **太阳系** | 太阳和以太阳为中心，受它的引力支配而环绕它运动的天体所构成的系统。 |
| **航天器** | 飞出地球大气层的飞行器。 |
| **漩涡星系** | 最常见的星系形状，外形呈旋涡结构，中间有一个凸起的圆盘。 |
| **恒星** | 本身能发出光和热的天体，如织女星、太阳。 |
| **星团** | 由数百到数千不等的恒星组成的群体。 |
| **超巨星** | 一个比现在的太阳的体积还要大数十倍甚至上百倍的恒星。 |
| **超新星** | 超过原来光度 1000 万倍的新星。 |
| **望远镜** | 用透镜和反射镜组成的可以放大远处物体的仪器。 |
| **温度** | 物体冷热的程度。 |
| **明暗界线** | 月球上明亮部分和黑暗部分的界线。 |
| **日全食** | 日食的一种，即太阳被月亮全部遮住的天文现象。 |
| **宇宙** | 包括地球及其他一切天体的无限空间。 |
| **火山** | 行星表面的凸起物，行星深处的岩浆等高温物质从裂缝中喷出而形成的山。 |
| **年** | 行星绕太阳公转一周所需的时间。 |

**图书在版编目（ＣＩＰ）数据**

黑夜天文观测 / （英）拉曼·普林贾著；吴霖译 . —— 长沙：
湖南少年儿童出版社，2016.6（2017.7重印）
（科学大探索书系）

ISBN 978-7-5562-2431-9

Ⅰ.①黑… Ⅱ.①拉… ②吴… Ⅲ.①天文观测—少儿读物
Ⅳ.① P12-49

中国版本图书馆 CIP 数据核字 (2016) 第 107143 号

# 黑夜天文观测

策划编辑：周　霞
责任编辑：钟小艳
审　　校：秦昰嵩
质量总监：郑　瑾
封面设计：罗俊南

出版人：胡　坚
出版发行：湖南少年儿童出版社
地址：湖南长沙市晚报大道89号　邮编：410016
电话：0731-82196340（销售部）　　82196313（总编室）
传真：0731-82199308（销售部）　　82196330（综合管理部）
经销：新华书店

常年法律顾问：北京市长安律师事务所长沙分所　张晓军律师
印制：深圳当纳利印刷有限公司
开本：889×1194　1/16
印张：7.5
版次：2016年6月第1版
印次：2017年7月第2次印刷
定价：32.00元